KB264027

HOMEMADE
PIZZA
CLASS

안녕느린토끼 고윤희

helloslowbunny

안녕느린토끼

HOMEMADE PIZZA CLASS 홈메이드 피자 클래스

초판 1쇄 인쇄　2025년 10월 16일
초판 1쇄 발행　2025년 10월 30일

지은이 고윤희 | **펴낸이** 박윤선 | **발행처** (주)더테이블

기획 책임편집 박윤선 | **디자인** 김보라 | **사진** 박성영 | **스타일링** 이화영
영업·마케팅 김남권, 조용훈, 문성빈 | **경영지원** 김효선, 이정민

주소 경기도 부천시 조마루로385번길 122 삼보테크노타워 2002호
홈페이지 www.icoxpublish.com | **쇼핑몰** www.baek2.kr (백두도서쇼핑몰) | **인스타그램** @thetable_book
이메일 thetable_book@naver.com | **전화** 032) 674-5685 | **팩스** 032) 676-5685
등록 2022년 8월 4일 제 386-2022-000050 호 | **ISBN** 979-11-92855-23-3 (13590)

안녕느린토끼

HOMEMADE PIZZA CLASS

홈메이드 피자 클래스

고윤희 지음

더 테이블
THE TABLE

Author's Note

모든 빵을 좋아하는 제가 유일하게 즐겨 먹지 않던 빵이 피자였습니다. 소화가 잘되지 않았기 때문입니다. 유독 피자는 한두 조각만 먹어도 종일 에너지를 소모해야 할 만큼 부담스러운 음식이었습니다.

그런데 작년 여름, 인스타그램에서 우연히 본 피자의 모습이 제 호기심을 자극했습니다. 코르니초네(cornicione, 피자의 두툼하고 공기감 있는 가장자리 부분)가 가볍게 부풀어 오른 피자는 발효가 충분해 보였고, 얇은 도우는 서너 조각을 먹어도 무겁지 않을 것 같았습니다. 그 계기로 피자에 대한 궁금증이 생겨 이탈리아로 향했고, 현지에서 맛본 피자는 제가 상상했던 이상적인 피자 그 자체였습니다. 직접 경험한 이후 피자에 더욱 매료되었고, 본격적으로 만들어 보고 싶다는 생각을 하게 되었습니다.

저에게 피자는 주변에서 흔히 접하는, 단순히 토핑을 얹은 납작한 빵이었습니다. 하지만 막상 만들기 시작하니 피자는 결코 단순하지 않았습니다. 반죽과 발효, 재료의 조화, 반죽과 토핑의 어울림, 굽기에 이르기까지 모든 과정이 만드는 사람의 감각과 생각을 고스란히 담아내는, 납작하지만 깊이 있는 빵이었습니다.

물론 깊이 있는 피자를 만든다는 것은 쉬운 일이 아닙니다. 특히 장비와 조건이 제한된 가정에서는 더 많은 이해와 고민이 필요했습니다. 가정용 오븐의 온도와 도구의 한계를 극복하는 일은 생각보다 쉽지 않았습니다. 일반 빵이 180~250℃에서 구워지는 것과 달리, 피자는 훨씬 높은 온도를 요구합니다. 데크 오븐이나 가정용 컨벡션 오븐으로는 이상적인 결과물을 내기 어렵습니다. 하지만 발효와 굽기에 약간의 노력을 기울이면, 완벽하지 않더라도 가정에서 식구들과 충분히 맛있게 즐길 수 있습니다. 저온 숙성으로 천천히 발효시키고 도우의 풍미를 최대한 끌어내면, 더 이상 패스트푸드가 아닌 슬로푸드의 피자를 만날 수 있습니다. 그렇게 저는 가정용 오븐으로 화덕에서 구운 것 같은 피자를 만들고 싶다는 생각을 하게 되었습니다.

이 책은 피자의 본래 모습을 최대한 담아내되, 어렵지 않게 다가갈 수 있도록 구성했습니다. 반죽과 발효에서 꼭 알아야 할 핵심 내용을 담았고, 가정용 오븐으로도 충분히 구울 수 있는 방법을 소개했습니다. 토핑은 특별한 것이 아닌 냉장고 속 평범한 재료들로 구성했습니다. 누구나 시작할 수 있고, 만들수록 더 깊이 알고 싶어지는 피자, 그 즐거움을 전하고 싶습니다.

누구나 쉽게 시작해 볼 수 있는 이 책의 레시피가 가정에서 즐기는 피자의 즐거움을 더욱 풍성하게 만들어 주기를 바랍니다.

2025년 10월, 저자 **고윤희**

Contents

CLASS 1. **가정용 피자를 만들기 위해 필요한 도구와 재료들**

1. 필요한 도구들   017
2. 필요한 재료들   019

CLASS 2. **집에서 피자를 굽기 전 꼭 알아야 할 것들**

❶ 믹싱   ❷ 발효   ❸ 성형

❹ 토핑   ❺ 굽기   ❻ 보관 및 재가열   022

CLASS 3. 피자 도우 만들기

1. 사전 반죽 알아보기   028
❶ 비가(Biga)   ❷ 르방(Levain)

2. 피자 도우 레시피
❶ 강력분과 T65 밀가루를 사용한 도우   032
❷ 강력분과 T65 밀가루를 사용한 손반죽 도우   038
❸ 피자 전용 밀가루를 사용한 도우   042
❹ 통밀을 넣은 사워도우   048

CLASS 4. 피자 도우 성형과 굽기

1. 도우 성형하기   056
2. 토핑 올리기   059
3. 오븐에서 굽기   060

✱ 성형과 굽기 한눈에 보기   062
✱ 가정용 오븐으로 화덕 피자 느낌 내기   066
✱ 도톰한 도우를 살리는 자르기 방법   067

CLASS 5. 안녕느린토끼 홈메이드 피자 레시피

* 피자 만들기 공통 가이드　071
* 레시피에 들어가기에 앞서　072

01
마리나라 피자
074

02
마르게리타 피자
076

03
디아볼라 피자
078

04
트러플 루꼴라 피자
082

05
콰트로 포르마지 피자
086

06
풍기 피자
088

07
나폴레타나 피자

092

08
페페로니 피자

094

09
시트러스 감베리 피자

096

10
**바질 페스토
갑오징어 피자**

098

11
**훈제 연어
프로마주 블랑 피자**

100

12
해산물 피자

102

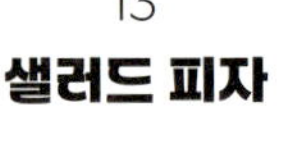

13

샐러드 피자

104

14

갈릭 허브 피자

106

15

곤드레 피자

110

16

**천도복숭아
프로슈토 피자**

112

17

하와이안 피자

114

18

라따뚜이 피자

118

19

**시금치
브레사올라 피자**

122

20

감자 살시차 피자

126

21

대파 소시지 피자

128

22

감자 베이컨 피자

130

23

불고기 깻잎 피자

132

24

치킨 꽈리고추 피자

136

1

파누오쪼 도우 성형과 굽기

138

2

파누오쪼 샌드위치 만들기

142

부라타 치즈 & 피스타치오 파누오쪼

바질 페스토 & 모르타델라 파누오쪼

안녕느린토끼 디저트 피자 레시피

01

누텔라 피자

150

02

씨앗 호떡 피자

152

03

고구마 피자

154

TOOLS & INGREDIENTS

가정용 피자를
만들기 위해
필요한
도구와 재료들

1. 필요한 도구들

오븐

가정용 컨벡션 오븐을 권장합니다. 광파 오븐이나 에어프라이어, 전자레인지 등은 피자를 굽기에 적합하지 않습니다. 이 책에서는 스메그 올인원 터치 모델과 우녹스 샵프로 LED 모델 오븐을 사용하였습니다.

믹서

스파이럴 믹서와 버티컬 믹서 모두 사용할 수 있습니다. 다만 출력이 약한 믹서를 사용한다면 손반죽을 시도하는 편이 나을 수 있습니다. 이 책에서는 10L 용량의 파운터 믹서를 사용하였습니다.

저울

정확한 계량은 베이킹의 기본입니다. 특히 적은 양의 이스트를 사용하는 피자 반죽에는 전자저울 사용이 필수입니다.

발효통(도우 박스)

반죽을 둥글려 담고, 발효된 반죽을 망가뜨리지 않고 꺼낼 수 있는 넓고 높이가 낮은 발효통이 적합합니다. 각각의 반죽을 하나씩 보관할 수 있는 동그란 볼이나 용기를 준비해도 좋습니다.

베이킹 스톤, 베이킹 동판

베이킹 스톤은 가정용 오븐의 부족한 아랫열을 보완하는 훌륭한 도구입니다. 단시간에 바닥 색을 내야 하는 피자에는 열전도가 빠른 베이킹 동판도 좋은 선택입니다.

베이킹 스톤   베이킹 동판

동판

스메그 올인원 터치처럼 바닥 온도가 270~280℃까지 오르는 열선 오븐을 사용할 경우, 돌판보다 열전도가 빠른 동판을 사용하는 것이 예열 시간을 줄이는 데 효율적입니다.

피자 삽

두 가지가 필요합니다. 도우를 오븐에 넣을 때 사용하는 큰 피자 삽, 그리고 오븐 속 도우를 돌리거나 자리를 바꾸고 꺼낼 때 쓰는 작은 피자 삽이 반드시 필요합니다.

큰 피자 삽   작은 피자 삽

Semola
Rimacinata
DOUBLE MILLED
SEMOLA
DI GRANO DURO
DURUM WHEAT SEMOLINA
5 kg
11 lb

2. 필요한 재료들

반죽용

밀가루

빵의 맛을 결정짓는 가장 중요한 재료는 밀가루입니다. 피자 역시 밀가루 선택에 따라 도우의 성질과 숙성 가능 시간이 달라집니다. 장기 발효는 도우의 맛과 소화에 중요한 영향을 주므로, 글루텐이 적어도 11~12% 정도 포함된 밀가루가 작업하기에 적합합니다. 만들고자 하는 피자의 유형과 숙성 시간이 밀가루 선택의 기준이 됩니다.

이 책에서는 코끼리 강력분, 물랑부르주아 T65, 카푸토 슈퍼 누볼라, 허트랜드 통밀을 사용하였습니다.

물

피자 반죽에서 물은 성질보다 양, 즉 수분율이 더 중요합니다. 수분율은 도우의 상태와 발효 시간에 큰 영향을 줍니다. 물이 많으면 도우는 가볍고 부드러워지며 바삭해지지만 다루기 어렵고, 반대로 수분이 적으면 다루기 쉽지만 가정용 오븐에서는 굽는 시간이 길기 때문에 적절하지 않을 수 있습니다. 따라서 계절, 밀가루의 흡수력, 작업 환경에 맞추어 조절하는 것이 필요합니다. 이 책에서는 가정용 오븐의 한계를 보완하기 위해 일반 피자용 오븐 반죽보다 수분율을 조금 더 높였습니다.

이스트

드라이 이스트와 생이스트 모두 사용할 수 있으며, 종류에 맞춰 적정량을 조절해야 합니다. 이 책에서는 사프 세미 드라이 이스트 레드를 사용하였습니다. 생이스트를 사용할 경우 드라이 이스트보다 두 배 정도 늘려 사용하는 것이 좋습니다.

몰트엑기스

피자용 오븐에서는 필요하지 않지만, 낮은 온도의 가정용 오븐에서는 매우 유용합니다. 몰트엑기스는 크러스트 색을 쉽게 내 주고 구수하면서 달큰한 향을 더합니다. 단, 과도하게 넣으면 발효가 빨라지거나 반죽의 힘이 약해질 수 있으므로 주의해야 합니다. 이 책에서는 마루비시 몰트엑기스 에이스를 사용하였습니다.

세몰리나

덧가루용으로 사용합니다. 세몰리나는 일반 밀보다 입자가 굵고 거칠어 도우의 수분을 덜 빼앗아 다루기 쉽습니다. 또한 피자 삽과의 마찰을 줄여 도우가 잘 미끄러지게 하며, 구운 뒤에는 크러스트에 바삭한 식감과 고소한 맛을 더합니다. 어떤 브랜드 제품을 사용해도 무방합니다.

토핑용

올리브오일

반죽에도 사용하지만, 토핑용으로 더 많이 쓰이는 재료입니다. 풍미가 깊고 질 좋은 오일을 사용하는 것이 좋습니다.

치즈

피자의 기본 토핑 재료입니다. 이 책에서는 이탈리아산 피오르 디 라테(Fior di Latte)를 사용하였습니다. 첨가물이 없고 수분이 많은 치즈로, 한국에서는 냉동 상태로 유통됩니다. 녹이는 과정에서 수분이 다소 빠지지만 일반 모차렐라보다 우유 본연의 맛이 신선하고 풍미가 좋습니다.

토마토 통조림

100% 토마토로 만든 통조림 제품을 추천합니다. 첨가물이 없는 것을 고르는 것이 좋으며, 브랜드나 품종에 따라 맛의 차이는 있지만 어떤 제품이든 무난하게 사용할 수 있습니다. 가격, 구입의 편리성, 개인의 취향에 맞추어 선택하면 됩니다. 이 책에서는 디벨라와 라 피아만테(산마르자노) 제품을 사용하였습니다.

*이 책의 레시피에 표기된 '토마토 소스'는 홀토마토 통조림 300g당 1g의 소금을 넣고 핸드블렌더로 갈거나, 손으로 으깬 것을 말합니다.

IMPORTANT POINTS

집에서
피자를 굽기 전
꼭 알아야 할 것들

본격적인 피자 만들기에 앞서 알아두면 좋은 내용들을 단계별로 정리했습니다. 피자를 만드는 데 있어 가장 중요한 내용이면서 실패하지 않는 포인트이므로 이 내용들을 꼭 숙지하시길 바랍니다.

❶ 믹싱

피자 반죽의 믹싱은 일반적인 빵 반죽과 목표 지점이 다릅니다. 피자 도우의 목표는 쫄깃하면서도 찢어지지 않고 얇게 늘어나는 반죽입니다. 즉, 탄력과 신장성을 동시에 가져야 합니다. 따라서 과도한 믹싱은 피하고, 반죽 표면이 매끄럽고 단단해진 상태에서 멈추는 것이 일반적입니다. 장시간 저온 발효 과정에서 자연스럽게 부드러워지고 안정되므로, 글루텐을 100% 잡기보다 적절히 형성하는 것이 바람직합니다. 오히려 글루텐을 끝까지 잡으면 마지막 작업이 더 어려워질 수 있습니다. 피자 반죽은 힘 있게 마무리하는 것이 좋습니다.

❷ 발효

피자 도우와 일반적인 빵 반죽은 밀가루, 물, 이스트, 소금이라는 기본 재료는 같지만, 발효 방식과 결과물은 확연히 다릅니다. 일반적인 빵은 풍성한 부피감이나 폭신한 식감을 목표로 하여 1차와 2차 발효를 거칩니다. 반면, 피자 도우는 둥글리기한 상태로 저온에서 짧게는 하루에서 길게는 3~4일까지 숙성하며, 신장성과 풍미를 키웁니다. 성형 후에는 추가 발효 없이 납작한 상태로 바로 구워집니다.

피자 공정에서 가장 중요한 단계는 발효라고 생각합니다. 도우의 발효 정도에 따라 씹는 맛, 풍미, 볼륨감이 달라지기 때문입니다. 아무리 좋은 오븐을 사용해도 도우의 상태가 좋지 않으면 만족도가 떨어질 수밖에 없습니다. 반대로 숙성이 잘된 도우는 가정용 오븐에서도 놀라운 결과를 보여줍니다.

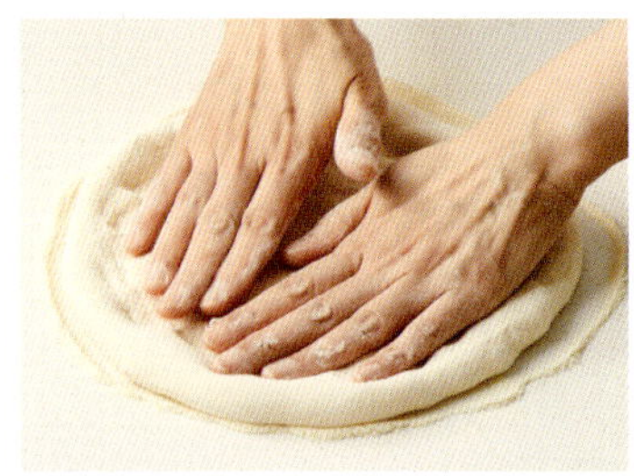

❸ 성형

피자의 성형은 일반적인 빵 반죽과 접근 방식이 다릅니다. 빵은 성형 과정에서 가스를 정리하고 2차 발효로 형태를 유지하도록 단단하게 모양을 잡습니다. 그러나 피자는 성형 후 바로 굽기 때문에 내부의 가스를 보존하면서 얇고 고르게 둥근 모양을 만드는 것이 핵심입니다.

❹ 토핑

가정용 오븐은 화덕에 비해 온도가 약하므로 토핑 재료의 수분과 온도를 신경 써야 합니다. 수분이 많은 재료를 과하게 올리면 도우가 눅눅해집니다. 또한 냉장고에서 바로 꺼낸 차가운 재료는 도우의 온도를 떨어뜨려 구워지는 속도를 더디게 합니다. 따라서 수분이 많은 재료는 미리 구워 수분을 일부 날린 뒤 사용하거나 얇게 썰어 최소한으로 올리는 것이 좋습니다. 재료는 최소 30분~1시간 정도 실온에 두어 사용합니다.

성형한 반죽에 토핑을 올린 뒤에는 가능한 한 빨리 삽으로 옮겨 오븐에 넣어야 합니다. 젖은 재료를 올린 채로 오래 두면 반죽이 눅눅해지고 바닥에 달라붙어 작업이 어려워집니다.

❺ 굽기

피자에서 발효 다음으로 중요한 공정은 굽기입니다. 이상적인 피자는 약 500℃에 달하는 고온에서 90초 안에 구워집니다. 그러니 250℃ 안팎의 가정용 오븐으로는 결코 쉬운 일이 아니지요. 그렇다고 해서 불가능한 것은 아닙니다. 몇 가지 요령만 알면 전용 화덕에서 구운 것만큼은 아니더라도 꽤 만족스러운 결과물을 얻을 수 있습니다.

가정용 오븐으로 피자를 굽기 위해서는 다음과 같은 방법이 도움이 됩니다.

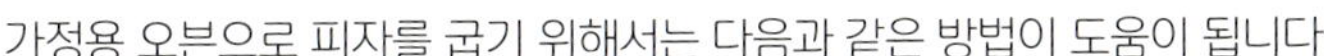

- **오븐이 낼 수 있는 최대 온도를 활용**해야 합니다. 최고 온도로 충분히 예열하는 것은 물론이고, 바람 세기를 강하게 설정하여 가능한 한 단시간에 구워내는 것이 중요합니다.

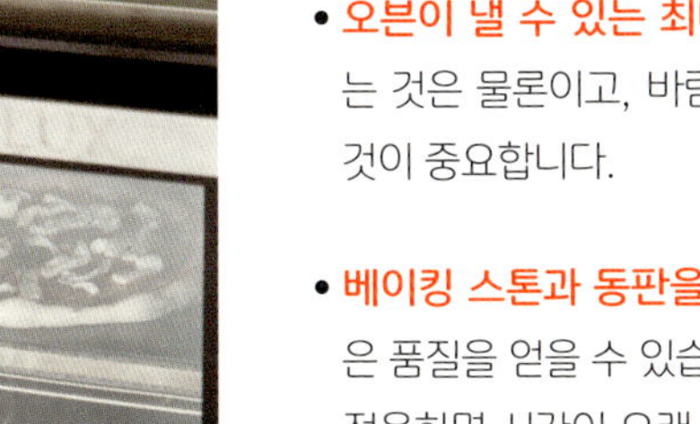

- **베이킹 스톤과 동판을 모두 사용**해야 합니다. 피자는 단시간에 구워낼수록 좋은 품질을 얻을 수 있습니다. 가정용 오븐에서 하드 계열 빵을 굽는 방식 그대로 적용하면 시간이 오래 걸리고, 마르고 단단한 피자가 나오기 쉽습니다. 이를 막는 방법은 가능한 모든 도구를 예열하고, 반죽을 한 쪽 스톤에서 굽다가 중간에 다른 쪽 스톤으로 옮겨 굽는 것입니다.

화덕은 전체 온도, 특히 바닥 온도가 매우 높습니다. 이런 환경에서 피자를 이리 저리 자주 옮기면, 매번 더 뜨거운 바닥 위에 다시 올려지기 쉬워 바닥이 과하게 색이 나거나 타기 쉽습니다. 그래서 화덕에서는 대체로 같은 자리에서 반죽을 돌려 굽거나, 필요할 경우 상대적으로 온도가 낮은 구역으로만 살짝 이동합니다.

반대로 가정용 오븐은 화덕보다 전반적으로 열이 낮고, 피자를 올려 둔 자리의 스톤이나 동판은 빠르게 식습니다. 그러므로 같은 자리에서만 계속 굽게 되면 바닥이 충분히 바삭해지지 않고 색도 충분히 나지 않습니다. 따라서 화덕의 원리를 반대로 활용하는 것이 좋습니다. 스톤이나 동판을 가급적 두 개를 사용해 함께 예열한 뒤, 굽는 중간에 더 뜨거운 쪽으로 한 번 옮겨 바닥 온도를 유지하면, 바닥 색도 충분히 나고 크러스트도 바삭한 식감으로 완성할 수 있습니다.

스톤과 동판을 함께 사용할 경우에는 스톤 위에 동판을 올려 예열하는 것도 좋은 방법입니다. 동판은 열전도율이 높아 굽는 시간을 단축할 수 있습니다. 스메그 올인원 터치 오븐에서는 동판만으로도 3분 30초에서 4분 안에 거의 모든 피자가 구워지므로 굳이 자리를 바꿀 필요가 없습니다. 스톤이나 동판을 한 개만 가지고 있어도 방법은 비슷합니다. 반죽을 넣을 때 한쪽으로 치우쳐 올리고, 중간에 반대편으로 돌려 자리를 바꾸면 됩니다.

- **테프론 시트는 사용하지 않습니다.** 크러스트의 식감만큼이나 바닥의 식감 또한 피자의 완성도를 좌우합니다. 테프론 시트를 사용하면 먹음직스럽게 구워진 바삭한 바닥을 얻을 수 없습니다. 테프론 시트는 반죽의 수분을 배출하지 못해 눅눅하고 불쾌한 식감을 줍니다. 이는 피자 전용 오븐에서도 마찬가지입니다. 피자 반죽은 반드시 그대로 스톤이나 동판 위에 올려 구워야 합니다.

- **첫 번째 피자를 구운 직후 곧바로 다음 피자를 넣지 않습니다.** 반죽을 넣고, 위치를 바꾸고, 돌리고, 꺼내는 과정에서 오븐과 스톤의 온도는 반드시 떨어지게 됩니다. 따라서 적어도 10분 정도는 다시 예열하여 온도를 회복한 뒤에 두 번째 피자를 넣는 것이 바람직합니다.

- 피자 삽을 사용할 때는 **피자 삽 끝을 오븐 속 반죽을 놓고자 하는 자리에 정확히 대고, 가볍고 빠르게 빼야 합니다.** 수업을 진행하면서 많은 수강생들이 피자 삽 사용을 어려워한다는 점을 알게 되었습니다. 삽을 기울여 반죽을 놓으려

하거나 공중에서 떨어뜨리듯 사용해서는 안 됩니다. 삽은 수평에 가깝게 유지하고 끝을 바닥에 댄 뒤 살짝 밀었다가 당기듯 빼내야 합니다. 처음에는 실패할 수 있지만 몇 번만 해보면 금방 익숙해질 것입니다.

• **반죽을 돌리거나 자리를 옮기기 위해 오븐 문을 너무 일찍 열면 안 됩니다.** 굽는 초반에 문을 열면 도우가 무겁게 익고 바닥이 하얗게 구워질 수 있습니다. 오븐의 성능에 따라 다르겠지만, 일반적으로 반죽을 넣고 최소 3분은 지난 뒤에 오븐 문을 여는 것이 좋습니다.

• 책에 **제시된 굽는 시간에 지나치게 얽매이지 말고 각자의 오븐 환경에 맞추어 조절**해야 합니다. 같은 사양의 오븐이라면 비슷한 시간에 구워지겠지만, 그렇지 않다면 크러스트와 바닥의 색을 기준으로 시간을 조절하는 것이 가장 정확합니다. 바닥은 반드시 노릇한 정도로 구워져야 하며, 하얗게 남아 있다면 시간을 더 늘려야 합니다.

적당하게 구워진 피자 도우의 바닥 색

❻ 보관 및 재가열

피자는 구운 직후가 가장 맛있지만, 보관해야 한다면 식힌 뒤 바로 냉동하는 것이 가장 좋습니다.

하드 계열 빵을 다시 데울 때는 크러스트를 물에 적셔 10분 정도 두었다가 에어프라이어나 오븐에 넣으면 단단하지 않고 가볍게 구워집니다. 피자도 같은 방식으로 크러스트를 적신 뒤 데우면 더 부드럽게 즐길 수 있습니다.

PIZZA DOUGH

CLASS 3.

피자 도우
만들기

1. 사전 반죽 알아보기

❶ 비가(Biga)

이탈리아에서는 주로 비가를 사전 반죽으로 사용하여 피자를 만듭니다. 비가로 만든 피자는 풍미가 깊고 복합적인 향을 내며, 토핑 없이 도우만 구워도 맛이 있을 정도입니다. 식감은 크러스트가 바삭하면서 속살은 부드럽고 쫄깃합니다. 소량의 이스트를 사용해 저온에서 장시간 발효한 비가는 소화에도 부담이 적습니다.

또한 수분율이 낮아 글루텐 구조가 탄탄하게 형성되므로 성형과 굽기 과정이 안정적입니다. 비가는 보통 18℃ 내외의 온도에서 발효되지만, 이러한 환경은 가정에서 유지하기 어렵습니다. 따라서 이 책에서는 이스트의 양을 조금 늘려 가정용 냉장고에서 발효할 수 있도록 조정하였습니다.

❷ 르방(Levain)

만약 집에서 키우는 르방이 있다면, 이를 이용해 사워도우 방식으로
피자를 만드는 것도 가능합니다. 다만 르방을 사용할 경우 저온 발효
시간을 지나치게 길게 두지 않는 것이 좋습니다. 오랜 시간 냉장고에
두면 반죽이 끈적해지고 늘어져 성형 과정이 어려워질 수 있습니다.

르방으로 만든 반죽은 비가로 만든 반죽과 발효 공정이 다르며, 맛과
식감에서도 차이가 있습니다. 평소 사워도우 빵을 즐겨 굽는다면 르
방으로 발효한 피자 반죽도 흥미로운 선택이 될 수 있습니다.

1

강력분과
t65 밀가루를 사용한 도우

가정에서 흔히 구할 수 있는 일반 강력분과 T65 밀가루를 사용한 반죽입니다. 피자 전용 밀가루가 없어도 충분히 피자를 만들 수 있습니다. 일반 강력분과 T65 밀가루는 피자 전용 밀가루에 비해 글루텐 강도가 다소 약하므로, 구웠을 때 껍질은 바삭하면서 속은 더 부드럽고 촉촉한 식감을 얻을 수 있습니다. 다만 이 반죽은 피자 전용 밀가루로 만든 반죽처럼 긴 시간의 냉장 숙성은 어렵습니다. 둥글리기 후 냉장 보관하였다면, 제시된 시간 안에 사용하는 것이 좋습니다.

250g 반죽 · 7개 분량

비가◆

물	385g
세미 드라이 이스트(레드)	2g
강력분(코끼리)	350g
T65밀가루(물랑부르주아)	350g

본반죽

강력분(코끼리)	150g
T65밀가루(물랑부르주아)	150g
물	225g
비가◆	전량
몰트엑기스	20g
세미 드라이 이스트(레드)	1g
소금	23g
보충수	80g
올리브오일	30g

● 먹물 반죽을 만들 때는 몰트엑기스를 제외하고, 그와 같은 양의 오징어먹물로 대체합니다.

비가

볼에 실온 상태의 물을 담고 이스트를 녹입니다.

분량의 밀가루를 넣고 날가루가 보이지 않을 정도까지 고루 섞습니다.

4~5℃의 냉장고에서 24~48시간 발효합니다.

---

tip. 비가의 발효

비가의 발효 온도는 제시된 범위보다 다소 높거나 낮아도 괜찮습니다. 온도가 높으면 발효가 더 빨리 진행되고, 낮으면 시간이 더 오래 걸립니다. 발효 온도에 따라 부피의 변화도 달라집니다. 높은 온도에서 발효하면 부피가 크게 늘어나고, 낮은 온도에서는 부피 변화가 크지 않을 수 있습니다. 이때는 부피보다는 냄새로 발효 상태를 판단하는 것이 좋습니다.

잘 발효된 비가는 상큼하고 향기로운 향을 풍기며, 반죽을 뒤집었을 때는 탄탄한 발효 그물이 형성된 것을 확인할 수 있습니다. 제시된 시간보다 길게 숙성했더라도 향이 좋다면 사용해도 무방합니다. 다만 냄새가 지나치게 톡 쏘거나 쉰 향이 난다면 사용하지 않는 것이 좋습니다.

잘 발효된 비가

본반죽

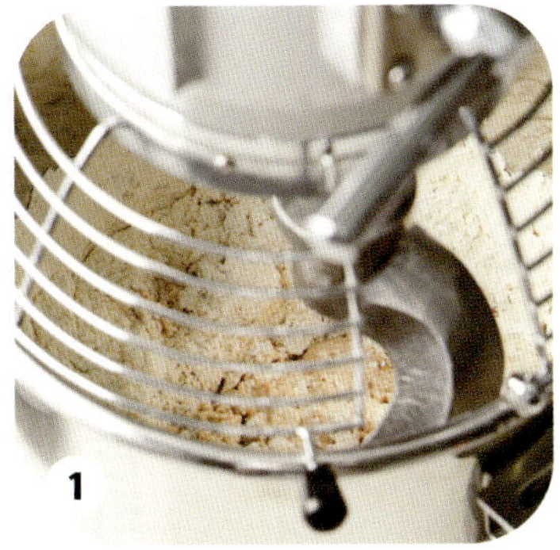

보충수와 올리브오일을 제외한 모든 재료를 반죽기에 넣고 1단에서 4~5분간 섞습니다.

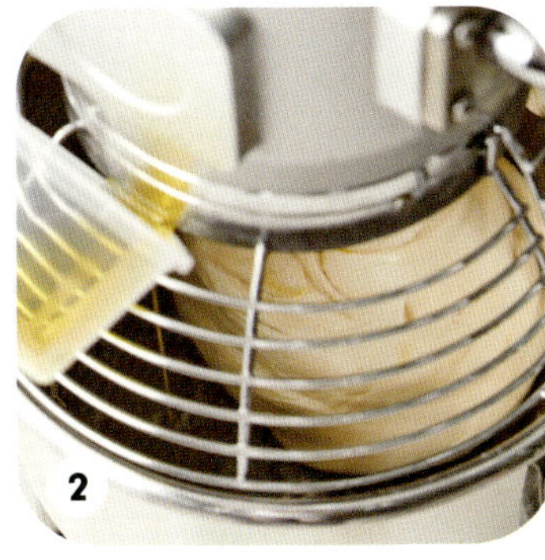

믹싱 속도를 2단으로 올린 뒤 보충수와 올리브오일을 차례로 조금씩 나눠 넣어가며 반죽에 흡수시켜줍니다.

반죽이 탄탄해질 때까지 믹싱하며 글루텐을 잡아 마무리합니다. (목표 온도 24℃)

실온에서 30분간 발효한 뒤 반죽 윗면에 덧가루를 뿌린 후 작업대로 옮깁니다.

반죽을 가볍게 펼쳐 좌우로 접고, 위에서 아래로 말아주듯 폴딩합니다.

다시 실온에서 30분간 발효합니다.

반죽을 250g씩 분할한 뒤 둥글리기를 합니다.

반죽을 도우 박스에 넣고 냉장고에서 12~18시간 발효한 후 실온에 꺼내 둡니다.

둥글린 반죽이 두 배 이상 부풀면 성형합니다.

tip. 성형, 토핑, 굽기 공정은 다음 파트를 참고합니다.

강력분과 T65 밀가루를 사용한 손반죽 도우

적당한 반죽기가 없어도 손반죽만으로도 충분히 피자를 만들 수 있습니다. 접어가며 글루텐을 형성한 반죽은 밀가루 본연의 풍미가 더욱 잘 살아납니다.

손으로 단단한 비가를 섞는 과정은 어려움이 있을 수 있어, 여기서는 비가를 생략하였습니다. 따라서 반드시 저온 숙성 과정을 거쳐 만들기를 권장합니다.

250g 반죽   7개 분량

본반죽

물	670g
몰트엑기스	20g
세미 드라이 이스트(레드)	4g
소금	23g
올리브오일	30g
강력분(코끼리)	500g
T65밀가루(물랑부르주아)	500g

● 먹물 반죽을 만들 때는 몰트엑기스를 제외하고, 그와 같은 양의 오징어먹물로 대체합니다.

본반죽

볼에 밀가루를 제외한 모든 재료를 넣고 물에 풉니다.

밀가루를 넣고 주걱으로 섞습니다.

어느 정도 섞이면 손으로 가볍게 치댑니다.

실온에 30분 정도 둡니다.

반죽 한 쪽을 잡아 올린 후 반대편으로 올려놓습니다. 볼을 돌려가며 반죽의 모든 면이 접힐 때까지 이 작업을 반복합니다.

6

실온에 두고 30분 간격으로 같은 방식으로 두 번 더 반복합니다.

7

다시 실온에서 30분간 발효합니다.

8

반죽 윗면에 덧가루를 뿌리고 작업대로 옮긴 뒤 250g으로 분할합니다.

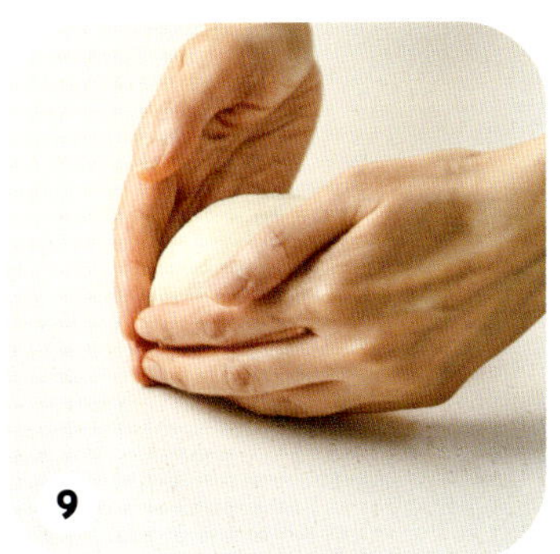

9

단단하게 둥글리기를 합니다.

10

반죽을 도우 박스에 넣고 냉장고에서 12~18시간 발효한 후 실온에 꺼내 둡니다.

11

둥글린 반죽이 두 배 이상 부풀면 성형합니다.

tip. 성형, 토핑, 굽기 공정은 다음 파트를 참고합니다.

3

피자 전용 밀가루를 사용한 도우

여기에서 사용한 피자 전용 밀은 작업성이 매우 뛰어난 밀입니다. 글루텐의 탄력이 좋아 냉장에서 2~3일간, 경우에 따라서는 그 이상 보관하여도 반죽이 처지거나 찢어지지 않습니다. 장시간 저온 발효가 가능하므로 풍미도 깊어집니다.

또한 냉동 보관도 가능합니다. 둥글린 상태로 냉동하였다가 냉장고에서 해동해도 탄력과 발효력이 유지되어 작업성도 좋고, 냉동 보관하며 사용하기에도 좋습니다. 일반 밀에 비해 해동 후에도 탄력과 발효력이 살아 있으므로 활용도도 높습니다.

피자 전용 밀가루를 사용한 도우는 식감은 가볍고 쫄깃하며, 피자 특유의 향과 맛도 잘 살아납니다.

250g 반죽 · 7개 분량

비가 ◆

물	385g
세미 드라이 이스트(레드)	2g
피자 전용 밀가루 (카푸토 슈퍼 누볼라)	700g

본반죽

피자 전용 밀가루 (카푸토 슈퍼 누볼라)	300g
물	270g
비가 ◆	전량
오징어먹물	20g
세미 드라이 이스트(레드)	1g
소금	22g
올리브오일	30g

● 일반 반죽으로 만들 때는 오징어먹물을 제외하고, 그와 같은 양의 몰트엑기스로 대체합니다.

비가

볼에 실온 상태의 물을 담고 이
스트를 녹입니다.

분량의 밀가루를 넣고 날가루가 보이지 않을 정도까지 고루 섞습니다.

4~5℃의 냉장고에서 24~48시간
숙성합니다.

본반죽

올리브오일을 제외한 모든 재료를 반죽기에 넣고 1단에서 4~5분간 섞습니다.

믹싱 속도를 2단으로 올려 70% 정도 글루텐이 형성되면 올리브오일을 조금씩 나눠 넣어가며 반죽에 흡수시켜줍니다.

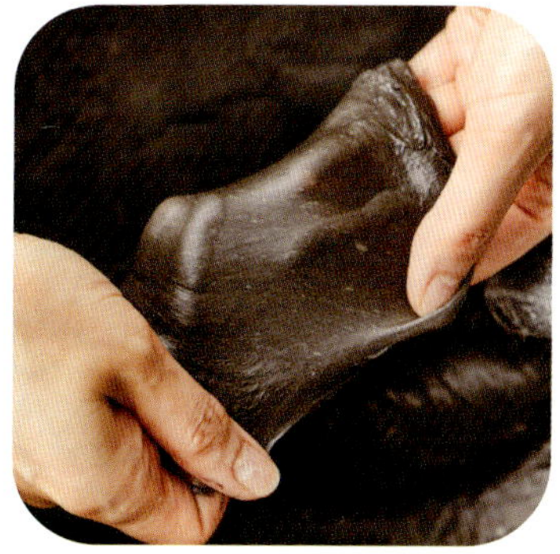

반죽이 탄탄해질 때까지 믹싱하며 글루텐을 잡아 마무리합니다.
(목표 온도 24℃)

4

실온에서 30분간 발효한 뒤 반죽 윗면에 덧가루를 뿌린 후 작업대로
옮깁니다.

5

반죽을 가볍게 펼쳐 좌우로 접고, 위에서 아래로 말아주듯 폴딩합니다.

6

다시 실온에서 30분간 발효합니다.

7

반죽을 250g씩 분할한 뒤 둥글리기를 합니다.

8

반죽을 도우 박스에 넣고 냉장고에서 18~72시간 발효한 후 실온에 꺼내 둡니다.

9

둥글린 반죽이 세 배 이상 부풀면 성형합니다.

tip. 카푸토 슈퍼 누볼라 밀가루 사용 시 세 배 이상 부풀려 사용해도 좋습니다.

tip. 성형, 토핑, 굽기 공정은 다음 파트를 참고합니다.

통밀을 넣은
사워도우

사워도우로 만든 피자 반죽은 식감이 가볍지는 않지만 복합적인 풍미를 지닙니다. 다만 일반적인 피자 반죽 공정을 그대로 적용하면 반죽이 늘어져 작업하기 어려울 수 있습니다. 따라서 사워도우 반죽은 1차 발효를 충분히 진행하고, 둥글린 반죽은 오랜 시간 냉장 보관하지 않는 것이 좋습니다.

또한 토핑과의 조화를 고려하여, 이 레시피에서는 통밀을 더해 산미를 더욱 부각시켰습니다.

250g 반죽　8개 분량

오토리즈◆

강력분(코끼리)	750g
통밀가루(허트랜드)	250g
물	700g

본반죽

오토리즈◆	전량
르방리퀴드	400g
소금	21g
몰트엑기스	20g
보충수	50g
올리브오일	20g

오토리즈

믹싱볼에 강력분, 통밀가루, 물을 넣고 날가루가 보이지 않을 때까지
섞습니다.

실온에 30분~1시간 정도 두면 반죽의 탄력과 신장성이 형성된 상태가
됩니다.

본반죽

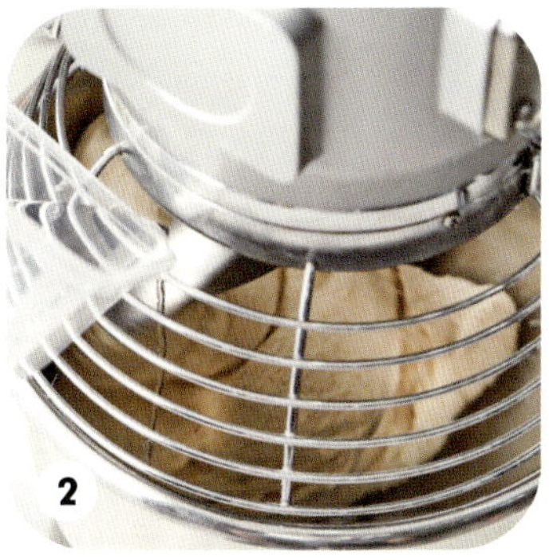

믹싱볼에 오토리즈 반죽, 르방리퀴드, 소금, 몰트엑기스를 넣고 1단에서 4분간 섞습니다.

믹싱 속도를 2단으로 올린 뒤 보충수와 올리브오일을 차례로 조금씩 나눠 넣어가며 반죽에 흡수시켜줍니다.

반죽이 탄탄해질 때까지 믹싱하며 글루텐을 잡아 마무리합니다.
(목표 온도 24℃)

tip. 반죽기의 힘이 약해 글루텐이 충분히 잡히지 않을 경우, 덜 잡힌 상태로 마무리한 뒤 접어주기를 통해 보완하는 것이 사워도우 반죽을 다루는 더 안전한 방법입니다.

4

실온에 두고 50분 간격으로 두 차례 폴딩합니다.

5

냉장고에서 12~18시간 저온 발효합니다.

6

냉장고에서 꺼내 실온에서 약 40분~1시간 정도 두어 반죽이 처음 크기의 두 배로 부풀도록 합니다.

7

반죽을 250g씩 분할한 뒤 가볍게 둥글리기를 합니다.

반죽을 개별 볼에 넣고 볼 입구에 랩을 씌워줍니다.

실온에서 1시간 30분~2시간 발효합니다.

tip. 사워도우 반죽은 퍼지는 성질이 있으므로, 동그랗고 오목한 볼에 분할한 반죽을 각각 담아 발효하는 것이 좋습니다.

반죽이 둥글리기한 크기의 1.5배 이상으로 부풀면 성형합니다.

tip. 사워도우 반죽은 둥글린 뒤 다시 저온 발효하지 않고, 실온에서 발효 후 바로 굽는 것을 권장합니다. 단, 비가를 사용하는 다른 반죽들보다 1~2분 정도 더 굽는 시간이 필요할 수 있습니다.

tip. 성형, 토핑, 굽기 공정은 다음 파트를 참고합니다.

SHAPING
& BAKING

CLASS 4.

피자 도우
성형과 굽기

1. 도우 성형하기

도우 박스의 뚜껑을 열고 반죽 윗면에 덧가루를 뿌립니다.

반죽이 깔끔하게 떨어질 수 있게 스크래퍼를 이용해 사방으로 떼어 냅니다.

tip. 반죽을 통에서 꺼낼 때는 반죽이 접히게 하거나 옆에 있는 반죽에 영향을 주지 않도록 주의합니다. 만약 반죽이 접히거나 찌그러지면 최종적으로 동그랗게 성형하기 어렵습니다.

O

×

도우 박스에서 잘못 분리한 반죽은 동그랗게 성형하기 어렵습니다.

3 덧가루를 충분히 뿌린 작업대 위에 반죽을 올리되, 바닥면이 위로 향하도록 놓습니다.

4 끈적한 반죽 위에도 덧가루를 충분히 뿌려줍니다.

tip. 덧가루가 부족하면 오븐으로 옮기기 어렵습니다.

5 가장자리 1cm 정도를 남기고 눌러 펼칩니다.

6 가장자리(엣지)가 될 부분을 제외하고, 손끝이 아닌 손가락 전체와 손바닥을 사용해 반죽을 꼼꼼히 눌러 펼칩니다.

7

반죽을 뒤집고 동일한 방법으로 다시 눌러 펼칩니다.

8

반죽을 두 주먹 위에 올리고 돌려 가며 늘려 줍니다.

9

반죽을 충분히 늘린 후(지름 약 28cm) 반죽의 윗면이 위로 향하게 하여 덧가루가 없는 깨끗한 작업대로 놓습니다.

tip. 여기서 말하는 '반죽의 윗면'은 반죽을 늘릴 때 두 주먹과 닿는 부분을 말합니다.

2. 토핑 올리기

1

사용하는 소스를 도우에 고르게 바릅니다.

2

사용하는 1차 토핑 재료를 올립니다.

tip. '1차 토핑 재료'는 오븐에서 굽기 전 도우에 올리는 재료를 말하며, '2차 토핑 재료'는 굽고 난 후 올리는 재료를 말합니다.

3

작업대에 피자 삽을 놓고 토핑한 도우를 삽으로 끌어 당겨 올립니다.

4

도우를 늘려 전체적으로 둥근 모양(지름 약 30cm)이 되도록 다시 한 번 모양을 잡습니다.

3. 오븐에서 굽기

스메그 올인원 터치

우녹스, 지에라 등

피자를 굽기 전 오븐을 미리 예열해둡니다.

tip. 스메그 올인원 터치 오븐의 경우 바닥에 동판을 깔고 위아래 열선 모두를 사용하고, 최고 온도로 예열하고 바람 세기를 강하게 하여 30~40분간 예열합니다.

tip. 우녹스, 지에라 등 기타 컨벡션 오븐의 경우 베이킹 스톤이나 동판(또는 두 가지 모두)을 넣고 최소 1시간 이상 최고 온도로 예열합니다. (바람 세기 조절이 가능한 오븐은 가장 강하게 설정합니다.)

오븐 문을 열고 1차 토핑을 올린 도우가 놓여진 피자 삽을 옮겨 오븐 안으로 넣어줍니다.

tip. 오븐의 열기가 빠져나가지 않게 최대한 빠르게 작업합니다.

tip. 삽으로 피자를 오븐 안에 넣을 때는 손목의 스냅을 이용해 둥근 원형이 유지되도록 합니다.

오븐에서 구워지는 중간에 피자 위치를 옮겨 바닥 색이 잘 나도록 도와줍니다. 피자 바닥과 크러스트(가장자리) 색을 최종적으로 확인한 후 꺼냅니다.

tip. 스메그 올인원 터치 오븐의 경우 약 3분 30초간 굽고, 기타 다른 오븐의 경우 5~6분간 굽습니다. 중요한 것은 시간보다 바닥과 크러스트의 색임을 명심합니다.

tip. 스메그 올인원 터치 오븐의 경우 굽는 중간 피자의 위치를 옮기지 않아도 되지만, 기타 다른 오븐의 경우 위치를 바꿔주어야 바닥과 크러스트의 색이 잘 납니다. (23p '굽기' 참고)

도우에 덧가루 뿌리기

스크래퍼로 도우 떼어내기

작업대로 옮겨 덧가루 뿌리기

가장자리를 살리며 반죽 늘리기

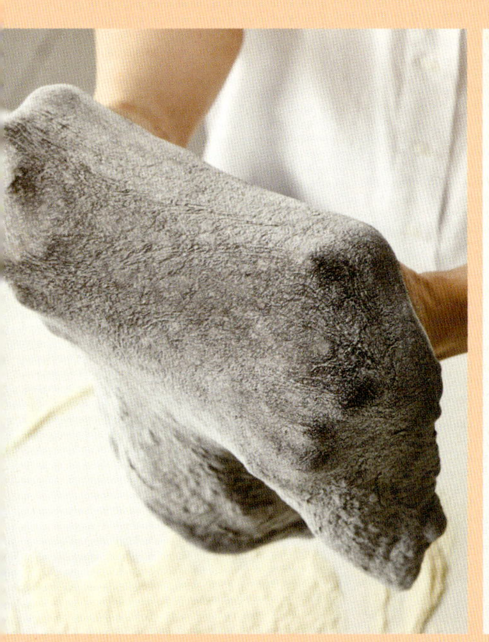

반죽을 주먹 위에 올려 늘리기

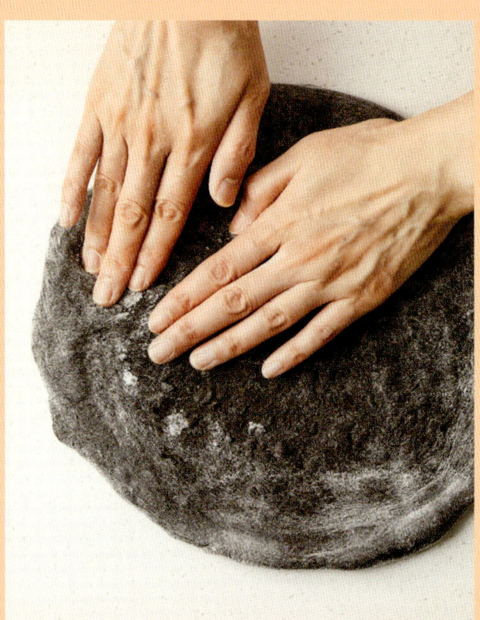

덧가루가 없는 작업대로 옮겨 모양 잡기
(지름 28cm)

소스 바르고 1차 토핑 올리기

피자 삽으로 옮기기

모양 잡아주기(지름 30cm)

예열된 오븐에 넣고 굽기

❶ 도우 가장자리까지 소스를 바르면 구워지면서
색이 진해집니다.

❷ 구워져 나온 피자의 토핑을 토치로 살짝 그을려줍
니다.

가장자리(엣지) 도우에 ❶ 수직으로 칼집을 낸 후 ❷ 칼집이 난 자리로 가위를 수평으로 넣고 자르고 ❸ 남은 아랫부분을 잘라주면 가장자리 도우의 볼륨을 살릴 수 있습니다.

직선으로 한 번에 자르면 가장자리 도우가 납작해집니다.

HOMEMADE PIZZA RECIPE

CLASS 5.

안녕느린토끼
홈메이드
피자 레시피

이 책의 레시피에 표기된 '토마토 소스'는
홀토마토 통조림 300g당 1g의 소금을 넣
고 핸드블렌더로 갈거나, 손으로 으깬 것
을 말합니다.

• 이 책에서는 디벨라, 라 피아만테(산마르자노)
  통조림을 사용했습니다.

피자 만들기 공통 가이드

- 구체적인 양이 제시된 경우를 제외하면, 피자 한 판에는 토마토 소스는 70~80g, 피오르 디 라테는 60~70g 정도를 올립니다.

- 반죽과 모든 토핑 재료는 사용하기 전 실온에 두어 실온 상태의 온도로 준비합니다.

- 소스를 도우 가장자리(엣지)까지 바르면 구움색을 더 진하게 낼 수 있습니다.

- 토핑 후 마지막에 올리브오일을 뿌려 굽고, 굽고 난 뒤에도 올리브오일로 마무리합니다. (올리브오일을 뿌리지 않으면 건조하게 구워집니다.)

- 피자 도우의 종류와 토핑 재료의 조합은 제시된 사진과 관계없이 취향에 따라 바꾸어도 좋습니다.

이 책에서 소개하는 피자 레시피는 집에서 누구나 부담 없이 피자를 즐길 수 있도록 구성했습니다. 전문 교재처럼 모든 재료를 1g 단위로 계량하기보다는, 소스처럼 사용량에 따라 너무 짜거나 싱거울 수 있는 재료들의 경우에만 g 단위로 표기했습니다.

반면, 치즈나 채소, 햄, 올리브 같은 토핑 재료는 각자의 취향에 따라 조금 더 넉넉하게 올리거나, 줄여도 괜찮습니다. 이 책에서는 이러한 특징을 한눈에 보기 쉽도록 레시피에 들어가는 재료를 토핑하는 순서대로 아이콘으로 구분해 표시했습니다.

독자 여러분은 아이콘을 따라가며 기본 틀은 지키되, 토핑은 자유롭게 조합하면서 자신만의 맛을 찾아가시면 됩니다.

토핑 아이콘 보는 법

피자 도우 위에 올라가는 순서대로 아이콘으로 표시했습니다. 이 아이콘의 경우 도우 위에 토마토 소스 60~70g을 바르고, 피오르 디 라떼 - 바질 - 올리브오일을 뿌려 굽는다는 의미입니다.

PEPPERONI PIZZA

페페로니 피자

일반적인 페페로니 피자에 달콤하면서
도 매콤한 레드 할라페뇨와 피망잼을 더
해 새로운 풍미를 살린 피자입니다.
짭짤한 페페로니와 피망잼의 은은한 ⋯⋯하면서
이 균형을 이루어 깊고 조화로운 ⋯⋯색을 더
완성합니다.

★ 피망잼은 매콤달콤한 잼으로 맛의 포인⋯⋯
다. 시판 피망잼을 사용해도 좋습니다.

094 - 095

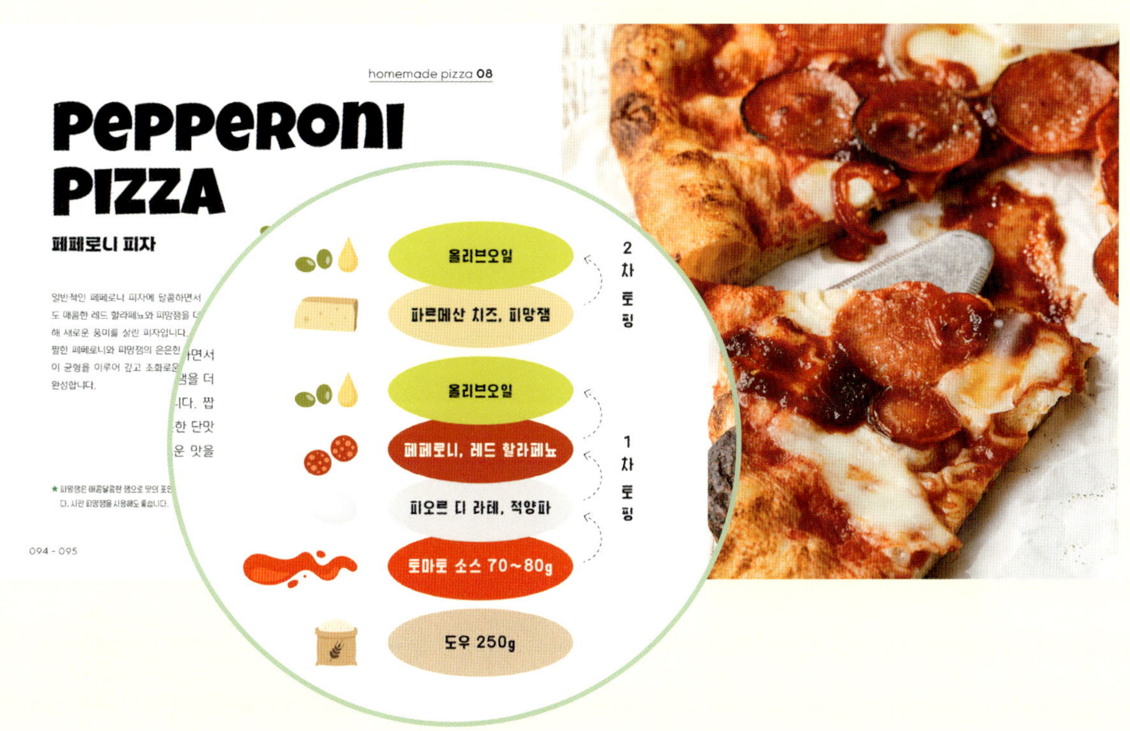

피자를 오븐에서 굽기 전에 올리는 토핑(1차 토핑)과 굽고 난 후에 올리는
토핑(2차 토핑)이 다른 경우 위의 아이콘처럼 표시했습니다. 이 아이콘의
경우 도우 위에 토마토 소스 70~80g을 바르고 피오르 디 라테 – 페페로니
– 레드 할라페뇨 – 올리브오일을 뿌리고 구운 후, 구워져 나온 피자 위에 파
르메산 치즈 – 피망잼 – 올리브오일을 뿌린다는 의미입니다.

MARINARA PIZZA

마리나라 피자

치즈가 들어가지 않는 마리나라는 가장 단순하면서도 오래된 전통을 지닌 피자입니다. 화려한 부재료는 없지만, 잘 익은 토마토에 소량의 마늘과 오레가노가 더해져 토마토의 풍미를 한층 깊게 살려 줍니다. 겉모습은 소박해 보이지만 맛은 깔끔하고 향이 풍부하여 의외로 선호도가 높은 피자입니다.

★ 다른 피자는 보통 토마토 소스를 70~80g 정도 사용하지만, 치즈가 들어가지 않는 마리나라는 조금 더 넉넉히 올려야 맛의 균형이 잘 맞습니다.

MARGHERITA PIZZA

마르게리타 피자

이탈리아 전통 피자의 대표 메뉴인 마르게리타는 토마토, 치즈, 바질 세 가지의 단순한 재료로 만듭니다. 하지만 이 단순한 조합은 예상 밖으로 풍성한 맛을 만들어 내며, 그로 인해 피자의 본질이자 정석으로 꼽힙니다. 재료가 단순한 만큼 도우의 완성도가 맛을 좌우하고, 잘 숙성된 도우와 어우러질 때 비로소 가장 빛을 발하는 피자입니다.

DIAVOLA PIZZA

디아볼라 피자

한국인의 입맛에 맞게 현지보다 조금 더 매콤하게 변형한 디아볼라 피자입니다. 매콤한 피자를 달걀 노른자에 찍어 먹으면 색다른 맛으로 즐길 수 있습니다. 여기에서는 매콤한 맛을 달걀 노른자로 중화시켰지만, 달걀 대신 꿀을 곁들여 달콤한 맛을 더하는 것도 추천하는 조합입니다.

★ 디아볼라 소스는 토마토 소스(70p) 100g, 소금 1g, 설탕 3g, 슬라이스한 마늘(1롤 분량), 손으로 부순 페페론치노 2개를 섞어 사용합니다.

달걀은 피자 도우를 오븐 안에 넣고 난 후 올려주어야
가장자리로 흐르지 않고 가운데에 안착할 수 있어요.
흰자는 살짝 익고, 노른자는 겉에만 살짝 익는 것이 가장 이상적이에요.

TRUFFLE RUCOLA PIZZA

트러플 루꼴라 피자

수업에서 인기가 많은 트러플 루꼴라 피자입니다. 트러플 특유의 향과 쌉싸래한 루꼴라의 조합은 다소 생소해 보이지만, 부라타 치즈의 고소함이 두 가지 재료를 부드럽게 연결해 줍니다. 마무리로 트러플 오일을 듬뿍 뿌리면 풍미가 더욱 깊어집니다.

트러플 오일

파르메산 치즈

2차 토핑

와일드 루꼴라, 부라타 치즈

올리브오일

피오르 디 라테

1차 토핑

트러플 소스 50g

도우 250g

QUATTRO FORMAGGI PIZZA

콰트로 포르마지 피자

서로 다른 개성을 가진 네 가지 치즈가 어우러져 짭짤하면서도 진한 풍미를 느낄 수 있는 피자입니다. 여기에 무화과를 올리면 누구나 좋아하는 단짠의 조합이 완성됩니다. 꼭 무화과가 아니더라도 다른 달콤한 과일이나 꿀, 메이플 시럽을 곁들여도 잘 어울립니다.

올리브오일

무화과, 무화과 콩포트, 고르곤졸라

2차 토핑

올리브오일

에멘탈 40g, 파르메산 치즈 20g

피오르 디 라테 60g, 고르곤졸라 20g

무화과 콩포트 40g

1차 토핑

도우 250g

avenue Stephen-Pichon, 75013 Paris. Tél.: 01-53-94-96-66 www.monde-diplo
Foyer des jeunes travailleurs
sation à droite du gouvernement israélien
Dominique Vidal

FUNGHI PIZZA

풍기 피자

버섯의 풍미를 가득 담은 피자입니다. 표고, 새송이, 느타리, 양송이, 팽이버섯 등 좋아하는 버섯을 선택해 오븐에서 미리 구워줍니다. 이렇게 하면 버섯의 수분이 줄어들면서 향은 한층 깊어집니다. 여기에 마스카르포네의 부드러움과 파르메산 치즈의 짭짤함이 더해져 담백하면서도 진한 맛을 완성됩니다. 마무리 단계에서 올리브오일 대신 트러플 오일을 더해도 훌륭한 조합이 됩니다.

★ 버섯은 표고, 새송이, 느타리, 양송이, 팽이 등 400g을 취향에 따라 선택해 200℃로 예열된 오븐에서 12~14분간 구워 사용합니다.

좋아하는 버섯이면 어떤 것이든 좋아요. 덩어리가 큰 표고나 새송이 같은 버섯은
슬라이스해주고, 팽이버섯이나 느타리버섯은 적당한 크기로 찢어
오븐에서 바짝 구운 후 토핑으로 사용합니다.

NAPOLETANA PIZZA

나폴레타나 피자

블랙 올리브, 케이퍼, 엔초비가 어우러져 짭짤하면서도 깊은 감칠맛을 내는 피자입니다. 피자의 기본 재료인 토마토 소스와 케이퍼, 오레가노, 올리브오일이 더해져 향긋한 풍미를 완성합니다. 더운 여름날 차가운 스파클링 와인과 곁들이면 입맛을 상쾌하게 돋워 줍니다.

PEPPERONI PIZZA

페페로니 피자

일반적인 페페로니 피자에 달콤하면서도 매콤한 레드 할라페뇨와 피망잼을 더해 새로운 풍미를 살린 피자입니다. 짭짤한 페페로니와 피망잼의 은은한 단맛이 균형을 이루어 깊고 조화로운 맛을 완성합니다.

★ 피망잼은 매콤달콤한 잼으로 맛의 포인트를 줍니다. 시판 피망잼을 사용해도 좋습니다.

CITRUS GAMBERI PIZZA

시트러스 감베리 피자

이탈리아에서 맛본 시트러스 감베리에서 착안해 만든 피자입니다. 새우 위에 레몬의 은은한 산미와 향긋함이 더해져 해산물의 감칠맛과 조화롭게 어우러집니다.

★ 익힌 새우와 마늘
① 팬에 올리브오일과 버터를 넣고 녹인 다음 슬라이스한 마늘을 넣고 볶아줍니다.
② 마늘의 향이 우러나면 새우를 넣고 익힙니다.
③ 새우와 마늘이 모두 익으면 소금과 레몬즙을 뿌려 짭짤하게 간을 해 사용합니다.

올리브오일

레몬, 레몬 제스트

2차 토핑

올리브오일

익힌 새우와 마늘

피오르 디 라테

토마토 소스 70~80g

1차 토핑

도우 250g

BASIL PESTO SEPPIA PIZZA

바질 페스토 갑오징어 피자

바질 페스토와 갑오징어만 올려 색의 대비가 뚜렷하게 드러나는 피자입니다. 바질 페스토의 향긋함과 부드러운 갑오징어 살이 어우러져 예상 밖의 훌륭한 조화를 이룹니다. 갑오징어 대신 한치나 일반 오징어를 사용해도 좋습니다.

★ 갑오징어는 끓는 물에 살짝 데쳐 소금, 후추, 올리브오일로 마리네이드해 사용합니다.

SMOKED SALMON FROMAGE BLANC PIZZA

훈제 연어 프로마주 블랑 피자

훈제 연어, 딜, 케이퍼, 적양파는 각각 강한 개성을 지닌 재료들이지만, 프로마주 블랑과 레몬 제스트가 더해져 산뜻하게 마무리되면서 조화로운 풍미를 냅니다. 향긋함과 상큼함이 어우러져 균형 잡힌 맛을 즐길 수 있는 피자입니다.

SEAFOOD PIZZA

해산물 피자

볶은 해산물 위에 훈제 향을 더한 베이컨 크럼블을 올려 풍성한 맛과 깊은 감칠맛을 즐길 수 있는 피자입니다. 해산물이 주재료이므로 먹물 도우를 매칭하는 것을 추천합니다. 먹물색 도우가 시각적으로 더 먹음직스럽게 보이게 하고, 해산물과도 더 잘 어울립니다.

★ 좋아하는 해산물을 선택해 사용합니다. 올리브오일을 두른 팬에 마늘을 넣고 볶다가 해산물을 넣고 익힌 후 소금으로 간을 해 사용합니다.

★ 훈제 베이컨 크럼블은 시판 제품(커클랜드)을 사용했습니다.

올리브오일

파슬리, 페페론치노, 페코리노 치즈

2차 토핑

올리브오일

훈제 베이컨 크럼블

익힌 해산물

피오르 디 라테

토마토 소스 70~80g

1차 토핑

도우 250g

SALAD PIZZA

샐러드 피자

신선한 채소와 짭짤한 올리브, 산뜻한 고트 치즈에 발사믹 소스를 곁들여 브런치로 즐기기에 손색이 없는 피자입니다. 의외의 조합처럼 보이지만 모든 재료들이 전체적으로 산뜻한 맛으로 조화롭게 어우러집니다. 발사믹 글레이즈 대신 통조림 참치를 올리면 또 다른 맛의 피자로 즐길 수 있습니다.

올리브오일

소금, 레몬즙

고트 치즈, 발사믹 글레이즈

방울 토마토, 적양파, 블랙 & 그린 올리브

와일드 루꼴라, 오이

2 차 토핑

올리브오일

피오르 디 라떼

1 차 토핑

도우 250g

GARLIC HERB PIZZA

갈릭 허브 피자

포카치아처럼 갈릭 오일을 바르고 반죽을 손가락으로 꾹꾹 눌러 모양을 잡은 뒤, 갈릭 오일 속의 마늘을 올려 구운 피자입니다. 담백하지만 중독성 있는 맛으로 자꾸만 손이 가는 메뉴입니다. 구워져 나온 후 갈릭 오일을 한 번 더 뿌리고 소금을 더해 짭짤하게 마무리하면 더욱 좋습니다.

갈릭 오일 만들기

❶ 포도씨유 200g, 4색 혼합 통후추 20g, 마늘 100g을 넣고 약불에서 마늘이
   노릇해지도록 천천히 끓입니다.

❷ 로즈메리 3~4줄기, 타임 7~8줄기, 페페론치노 3~4개를 넣고 3분간 그대로 둡니다.

❸ 불을 끄고 밀폐 용기에 넣어 냉장 보관하며 사용합니다.

GONDRE PIZZA

곤드레 피자

된장 소스와 나물을 사용해 한국적인 느낌을 주지만, 맛을 보면 이국적인 풍미도 느껴지는 특색 있는 피자입니다. 강한 맛의 재래식 된장보다 달큰한 미소 된장을 사용하는 것이 더 잘 어울립니다. 곁들이는 나물은 곤드레 외에도 취나물이나 참나물 등을 선택해 부드럽게 익혀 올리면 모두 잘 어울립니다.

★ 된장 소스는 미소 된장 10g과 마요네즈 30g을 섞어 사용합니다.

★ 사용하는 나물은 부드럽게 익혀 사용합니다. 여기에서는 데쳐 나온 냉동 곤드레 제품 200g을 소금 2g, 설탕 4g, 올리브오일 10g, 물 70g과 함께 약불에서 뚜껑을 덮고 물기가 거의 사라질 때까지 천천히 부드럽게 익힌 후 물기를 꼭 짜 사용했습니다.

NECTARINE PROSCIUTTO PIZZA

천도복숭아 프로슈토 피자

부드럽고 달콤한 복숭아에 짭짤한 프로슈토가 더해져 맛의 조화를 이루는 피자입니다. 복숭아 대신 멜론, 배, 파인애플 등 달콤한 맛을 지닌 과일을 사용해도 좋습니다.

HAWAIIAN PIZZA

하와이안 피자

우리에게 익숙한 하와이안 피자를 색다르게 재해석했습니다. 고르곤졸라 치즈에 달콤한 통조림 파인애플을 더하고, 마지막에 매콤한 페페론치노 파우더를 뿌려 마무리했습니다. 처음에 느껴지는 맛은 달콤하지만 끝에는 매콤하게 마무리되는, 계속 먹어도 질리지 않는 맛으로 완성했습니다.

사진처럼 통조림 파인애플을 얇게
슬라이스해도 좋고, 한입 크기로 잘라
골고루 뿌려도 좋습니다.

RATATOUILLE PIZZA

라따뚜이 피자

프랑스 요리 라따뚜이를 응용해 만든 피자입니다. 진하게 졸여진 토마토 소스에 얇게 슬라이스한 채소들이 잘 어우러진 피자로, 의외로 많은 수강생분들이 만족감을 보였던 피자입니다.

★ 파프리카, 주키니, 가지는 각각 120g을 사용하며, 0.5cm 두께로 슬라이스해 200℃로 예열된 오븐에서 약 10분간 구운 후 사용합니다.

라따뚜이 소스는 다진 마늘 두 톨, 양파 20g을 올리브오일에 볶다가 토마토 소스 150g과
고체 치킨 스톡 한 알을 넣고 양이 절반으로 줄어들 때까지 졸여 사용합니다.

SPINACH BRESAOLA PIZZA

시금치 브레사올라 피자

달콤한 시금치에 고소한 마스카르포네를 더한 소스를 사용해 담백하면서도 은은하게 기분 좋은 맛을 내는 피자입니다. 특히 단맛이 강한 겨울 시금치를 사용하면 한층 더 깊은 맛을 느낄 수 있습니다.

★ 브레사올라는 소고기를 소금과 허브로 숙성해 건조시킨 이탈리아식 생햄으로, 기름기가 적고 담백한 풍미가 특징입니다.

시금치 소스는 시금치 40g을
깨끗이 씻어 물기를 제거한 후
마스카르포네 40g과 함께
믹서에 거칠게 갈아 사용합니다.

PATATE SALSICCIA PIZZA

감자 살시차 피자

이탈리아에서 처음 맛본 조합을 응용한 피자입니다. 구수한 감자와 기름진 살시차의 고소함이 어우러져 예상 밖의 풍미를 냅니다. 든든한 맛으로 한 끼 식사로도 충분합니다.

★ 감자 200g을 얇게 채 썰고 소금 3g에 절여둔 후 물기를 꼭 짜 사용합니다.

Green onion sausage pizza

대파 소시지 피자

수업에서 다루던 포카치아를 응용해 피자 토핑으로 옮겨 온 메뉴입니다. 홀그레인 머스터드에 달콤한 연유를 섞어 소스로 사용하고, 한국인에게 익숙한 소시지와 대파를 올려 누구나 좋아할 만한 조합으로 완성했습니다.

★ 연유 머스터드 소스는 연유 30g과 홀그레인 머스터드 30g을 섞어 사용합니다.

POTATO BACON PIZZA

감자 베이컨 피자

얇게 슬라이스한 감자와 바삭한 베이컨 크럼블이 포근하면서도 바삭한 식감을 선사하는 피자입니다. 피자의 형태로 구워도 좋고, 앞서 소개한 '갈릭 허브 피자'처럼 도톰하게 구워도 잘 어울립니다. 은은한 타임 향과 소금의 짭짤함이 감자의 담백함을 더욱 살려 줍니다.

★ 감자 슬라이스는 감자 200g을 얇게 슬라이스하고 소금 3g에 절여둔 후 물기를 꼭 짜 사용합니다.

★ 훈제 베이컨 크럼블은 시판 제품(커클랜드)을 사용했습니다.

BULGOGI PERILLA PIZZA

불고기 깻잎 피자

냉장고에 남아 있는 불고기를 바짝 볶아 올리고 깻잎을 곁들이면 한국적인 풍미가 살아 있는 새로운 피자가 됩니다. 여기에 체다 치즈를 더해 자칫 뻔할 수 있는 맛에 포인트를 만들어 줍니다.

CHICKEN SHISHITO PEPPERS PIZZA

치킨 꽈리고추 피자

배달해 먹고 남은 치킨을 토핑으로 활용해도 훌륭한 피자가 됩니다. 후라이드 치킨, 양념 치킨, 구운 치킨 등 어떤 종류든 잘 어울립니다. 여기에 매콤한 꽈리고추를 곁들이면 신선한 맛과 색다른 식감이 더해집니다.

PANUOZZO RECIPE

안녕느린토끼
파누오쪼
레시피

1. 파누오쪼 도우 성형과 굽기

Ingredients

피자 도우 150g

* 'CLASS 3. 피자 도우 만들기'에서
   설명한 도우 중 하나를 사용합니다.

1

150g으로 분할한 피자 도우를 덧가루를 충분히 뿌린 작업대 위에 올리되, 바닥면이 위로 향하도록 놓고 반죽 위에도 덧가루를 뿌려줍니다.

2

반죽을 동그랗게 모양 잡아 손바닥 전체로 눌러 지름이 21~22cm가 되도록 펴줍니다.

3

4

반죽을 뒤집지 않은 상태로 반죽 절반 면적에 올리브오일을 뿌립니다.

반죽을 반으로 접습니다.

tip. 반죽의 매끈한 면이 파누오쪼의 겉면이 되어야 합니다.

5

피자 삽에 올려 최고 온도로 예열된 오븐에 넣고 색이 날 때까지 굽습니다.

2. 파누오쪼 샌드위치 만들기

구워져 나온 파누오쪼를 한 김 식힌 후 펼쳐 원하는 소스와 토핑 재료를 넣어 완성합니다.

- 여기에서는 피스타치오 페이스트 - 모르타델라 슬라이스 – 부라타 치즈 - 피스타치오 - 올리브오일 – 후추를 뿌려 완성했습니다.

부라타 치즈 & 피스타치오 파누오쪼

올리브오일을 뿌린 도우에 모차렐라 치즈를 추가해 구워도 좋습니다. 치즈가 들어가 구워져 나온 직후 먹으면 다른 토핑 재료 없이도 맛있게 즐길 수 있으며, 토핑 재료를 추가해 샌드위치로 만들어도 좋습니다.

- 여기에서는 바질 페스토 - 모르타델라 슬라이스 - 선드라이 토마토 - 루꼴라 - 올리브오일을 뿌려 완성했습니다.

바질 페스토 & 모르타델라 파누오쪼

DESSERT PIZZA RECIPE

안녕느린토끼
디저트 피자
레시피

NUTELLA PIZZA

누텔라 피자

겉은 바삭하고 속은 쫀득한 피자 도우 위에 누텔라를 듬뿍 바르고, 견과류와 라즈베리 잼을 곁들이면 색다른 디저트로 완성됩니다. 마지막에 소금과 후추를 살짝 더하면 단맛을 균형 있게 잡아 주는 포인트가 됩니다.

SEED HOTTEOK PIZZA

씨앗 호떡 피자

씨앗 호떡을 응용한 디저트 피자입니다. 시나몬 설탕이 녹아 흐르는 따뜻한 피자 위에 차가운 바닐라 아이스크림을 한 스쿱 올려 먹으면, 달콤함과 시원함이 어우러진 특별한 맛을 즐길 수 있습니다.

SWEET POTATO PIZZA

고구마 피자

설탕과 버터에 버무려 구운 달콤한 고구마는 그 자체로도 훌륭한 간식이 되지만, 여기에 피오르 디 라테의 부드러움과 페타 치즈의 짭짤함, 검은깨의 고소함을 더하면 고구마의 달콤함이 한층 배가됩니다.

고구마 150g을 사방 1cm로 썰어 설탕 15g과 녹인 버터 15g로 버무린 후
200°C로 예열된 오븐에서 15분간 구워 사용합니다.

"누구나 쉽게 시작해 볼 수 있는 이 책의 레시피가
가정에서 즐기는 피자의 즐거움을 더욱 풍성하게 만들어 주기를 바랍니다."